科学真好玩儿

奇幻的海洋冒险

[英] 卡米拉·德·拉·贝杜瓦耶 编
[英] 蒂姆·巴德根 绘
沉着 译
胡怡 审译

你是像海豚一样合群，还是像海马一样害羞？

你最喜欢什么颜色？

你更喜欢游泳还是更喜欢滑雪？

如果你每天只能吃一种食物，你希望吃什么？

鲸和海象，你更想和谁聊天？

你最喜欢的海洋动物是什么？

四川教育出版社

海洋有多大？

地球上一共有四个大洋，它们都很大！加起来覆盖了地球大约 2/3 的表面积。

北美洲
大西洋
海洋是地球上的一大片咸水，也叫作大海。
太平洋
南美洲
海藻是生活在咸水中的植物。
章鱼
长吻海马

海洋重要吗？

非常重要哟，海洋里生活着数十亿种动植物！人类可以利用来自海洋的动植物资源做各种物品。有一种叫作红海藻的海藻可以用来制作花生酱——它使花生酱更浓稠。

髯海豹
北冰洋
一大块陆地称作大陆，比如亚洲。所有的大陆加起来，面积也比太平洋小！
欧洲
亚洲
太平洋
非洲
印度洋
你是一只鲨鱼，还是一只鲸？
我是一种名叫鲸鲨的鲨鱼——是世界上最大的鱼。我的嘴巴大到可以让人坐在里面，但是我只吃浮游生物（海中漂浮着的超级小的动物和植物）。
大洋洲
北
西
东
南

海为什么是蓝色的？

阳光由多种颜色的光线组合而成。阳光洒在海面上，大部分颜色的光被海水吸收，但是蓝光却被反射出去了，因此海看起来是蓝色的。

什么是鱼？

鱼是一种拥有骨架、鳃和鳍的水生动物。地球上有超过 32 000 种鱼类，大部分的鱼生活在海里。

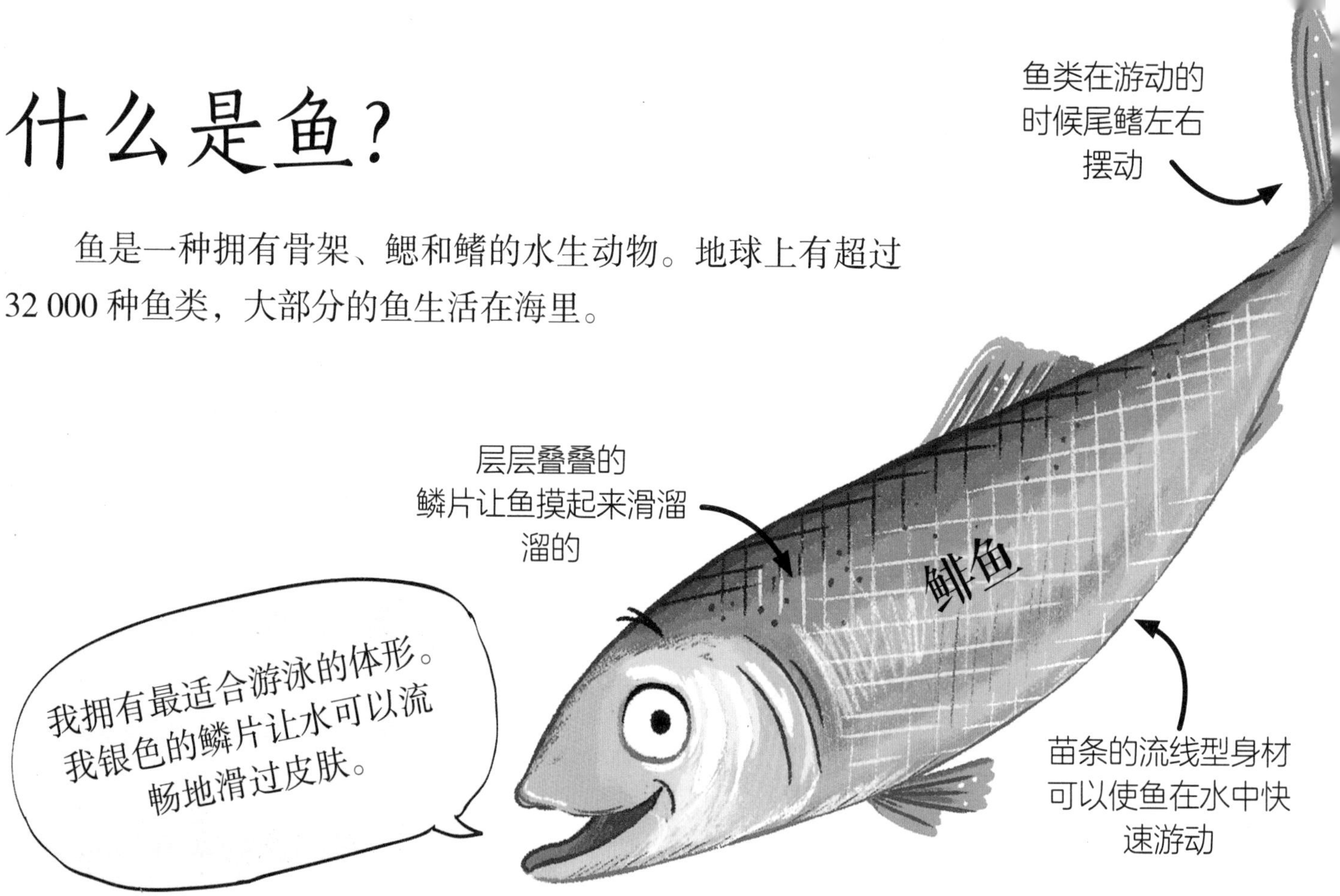

鱼类在游动的时候尾鳍左右摆动
层层叠叠的鳞片让鱼摸起来滑溜溜的

我拥有最适合游泳的体形。我银色的鳞片让水可以流畅地滑过皮肤。
苗条的流线型身材可以使鱼在水中快速游动

人类也能在水下呼吸吗？

很遗憾，不行！因为人类的呼吸器官是肺，仅有肺，在水中是没办法自由呼吸的。所有的鱼类都有一种特殊的器官，叫作鳃，鳃可以帮助鱼类在水中呼吸。
水和空气中都有氧气。几乎所有的动物都需要吸入氧气。
富含氧气的水流进去
水从鳃中流过，氧气会由此进入鱼的血液中
扳机鱼（学名“鳞鲀”）

鱼的家有什么特别的吗?

有些鱼的家很特别。小丑鱼安家在蜇人的海葵触手中。这种鱼身上有一种特殊的黏液，能让它们不受毒刺伤害，那些想吃它们的动物就无法靠近啦!

我最远可以滑翔200米!

鱼能飞吗?

不能——不过一些鱼可以滑翔。飞鱼有着流线型的身体，可以借助身上大大的鳍冲出水面在空中滑翔。

我的鼻子和鲨鱼的像吗?

大部分动物的骨架是硬骨，鲨鱼的骨架却是软骨。我们的鼻子和耳朵里也有软骨——因此它们软乎乎的!

牛鲨

你知道吗？

绒毛娃娃鱼是个闪电捕食者。它像真空吸尘器一样迅速地把猎物吸进嘴里——比我们眨一下眼睛快50倍。

翻车鱼可以长到3米长，它是世界上最大的硬骨鱼之一。

电鳐可以放电来电击别的鱼。一旦目标被电晕了，电鳐就可以吃掉它！

章鱼生气的时候会变成红色。

添加海藻提取物可以让冰激凌更浓稠！

抹香鲸拥有着地球上最大的大脑！

5亿年前，地球上所有的生物都生活在海里。

出生不久的小鲨鱼和小海豹被称为幼崽，而孵化不久的小鱼则叫作鱼苗。

比起鲱鱼，我更像河马！

鲸和海豚不是鱼——它们是哺乳动物。

鲨鱼的皮肤摸起来像砂纸。上面有小小的凸起的鳞片，可以帮助鲨鱼在水中游动。

大白鲨一餐能吃掉可以做 3 000 个汉堡的肉，吃饱后可以 10 天不用吃东西。

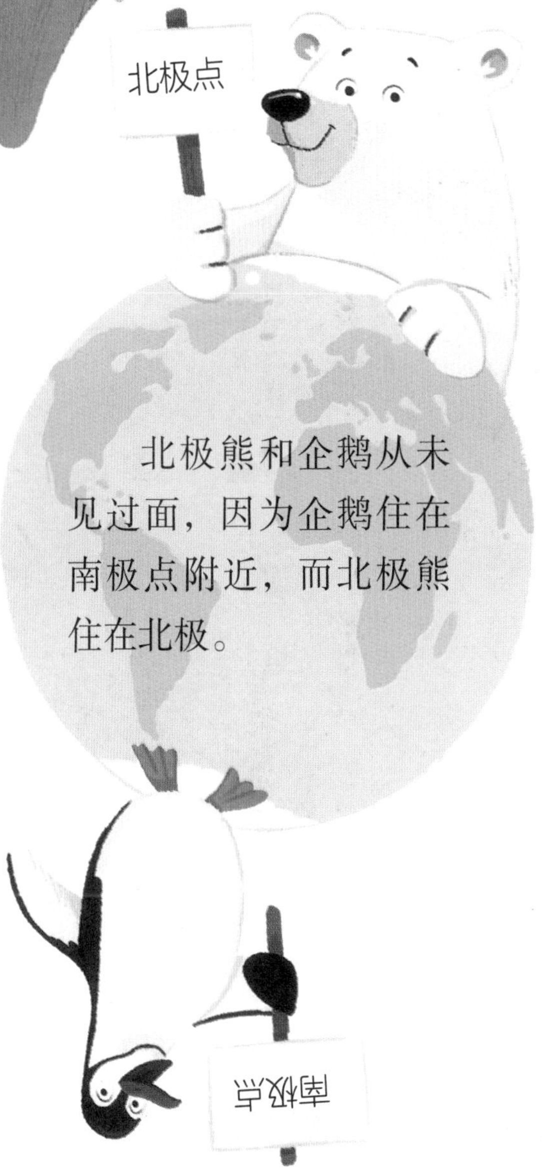

北极熊和企鹅从未见过面，因为企鹅住在南极点附近，而北极熊住在北极。

简直像在照镜子！

水手们以前把儒艮当成美人鱼。它们其实是胖乎乎的哺乳动物，把一天大部分时间都用来吃海洋植物。

深海会长树吗？

不会——但是海底可以长出巨藻森林！在太平洋底发现的巨藻森林，它们一天可以长高 50 厘米。

含有空气的海藻球帮助
巨藻浮在水里
巨藻森林是个藏身的好地方——一根巨藻可以长到 70 米长。

我是住在太平洋加拉帕戈斯群岛的海蜥蜴。

是谁在海底野餐？

是海鬣蜥！它们为了吃海底的海藻，可以潜到 12 米深的海底，还可以在水下待上 1 个小时。

鱼苗要去“托儿所”吗?

鱼和爬行动物会把宝宝藏在“托儿所”里，以躲避捕食者。海草附近的浅水区域及红树林的根部都是很好的“托儿所”。

红树林长在沿海区域，它们扎根在海水较浅的地方。
海洋生物有时候会将海水中漂浮的塑料袋当成食物，一旦吃下去，会有生命危险。
小海龟在海草丛里躲避鲨鱼

海龟吃什么?

绿海龟正在水下的海草床中吃大餐。

是谁在玩捉迷藏？

很多海洋动物都是捉迷藏高手！在珊瑚礁里，数百万的海洋生物拥挤地生活在一起。为了避免被吃掉，它们中的许多动物都进化出了奇妙的生存技能。

我看起来像海藻，而实际上我是一种叫“叶海龙”的鱼。
我是海蛞蝓——我不美吗？我美丽的色彩是在告诉别的动物我是有毒的。
我是一只装饰蟹，我随身携带着珊瑚伪装自己。
我是一只墨鱼，我可以瞬间变换颜色。

鱼需要朋友吗?

我最好的朋友是一只忙碌的小虾。我是珊瑚石斑鱼，我的朋友正在清洁我的牙齿。
我喜欢吃大鱼身上的死皮。真好吃!
我们海鳗有着瘦长的身体，可以藏在珊瑚裂缝里。我们几乎会把所有捉到的东西吃掉。

从太空中可以看到珊瑚礁吗?

可以的！大堡礁在澳大利亚海岸外延伸超过2 000千米的地方。珊瑚礁由细小的珊瑚虫建筑而成。每只珊瑚虫都有一个小房子，并在海水中挥动着触手。

像我这样的珊瑚虫要辛苦工作上千年才能建出大堡礁。

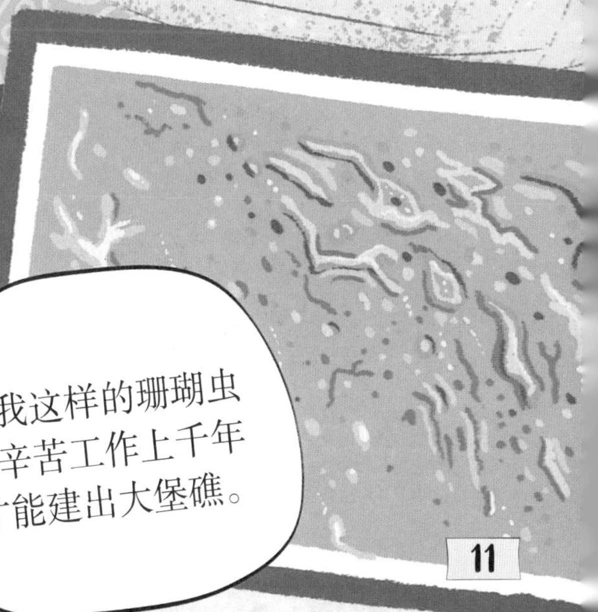

形成一个岛屿需要多久？

如果海底火山爆发，几年就可以形成一座岛屿！岩浆（受热熔化的岩石）从地下涌出并积累起来，形成一个新的岛屿。

岩浆在海底积累成了圆锥形
锥形的岩浆岩越来越大直至冲出水面——新的岛屿就形成啦！

我能够在岛上找到宝藏吗？

可以！但不是那种海盗的宝藏。岛屿上的宝藏是生活在上面的各种珍奇的动物。

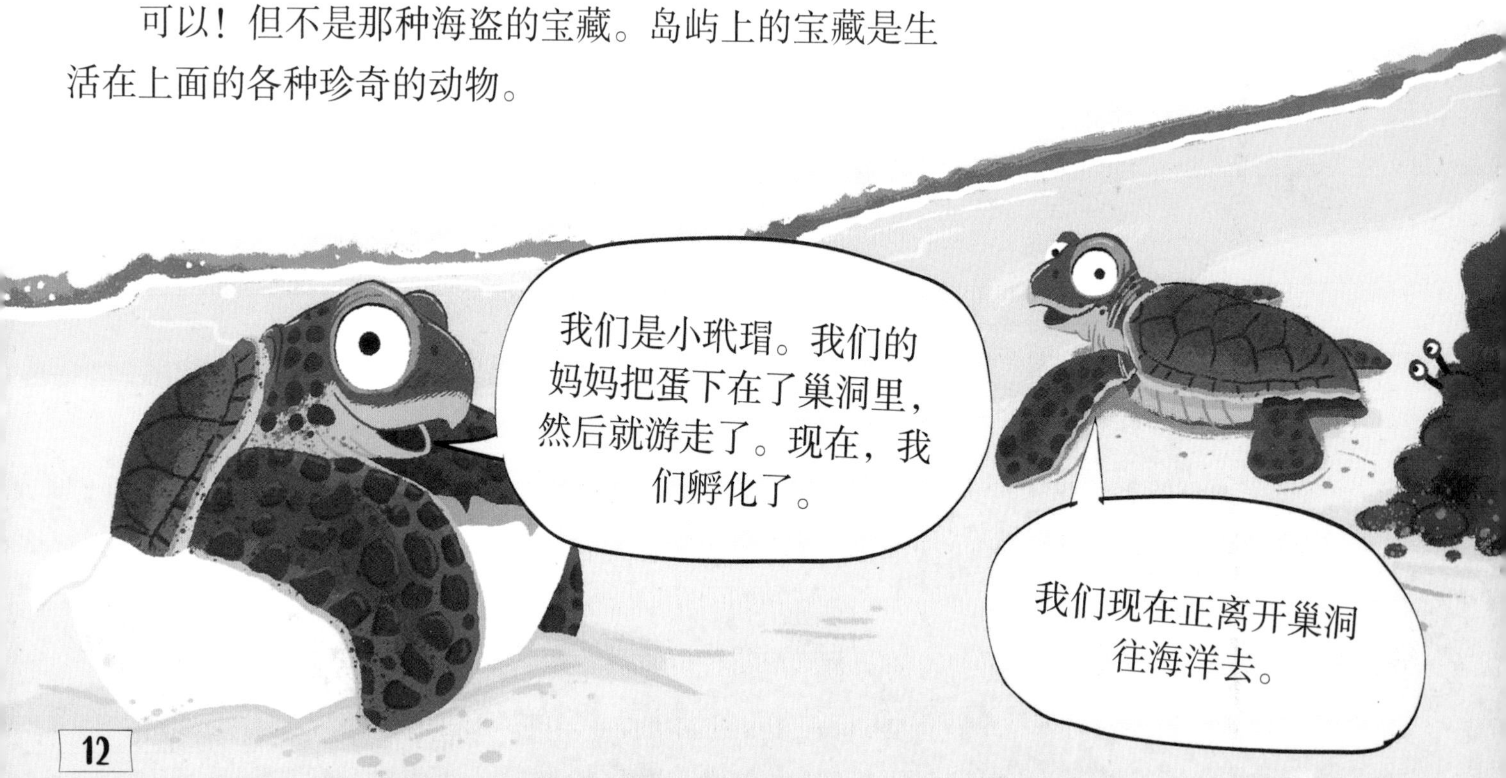

我们是小玳瑁。我们的妈妈把蛋下在了巢洞里，然后就游走了。现在，我们孵化了。
我们现在正离开巢洞往海洋去。

我会飞到海岛上去筑巢下蛋。我是信天翁，我超大的。
黑白领狐猴

谁住在岛上？

海岛上住着一些在地球上别处找不到的动物。有大概 60 种狐猴只住在印度洋的马达加斯加岛上。

我是红蟹，我和我的数百万小伙伴们住在澳大利亚的圣诞岛，并且都在海里产卵。
你可以在印度洋的珊瑚岛上看到像我这样巨大的龟。我们可以活 100 多岁！

看数字，学科学

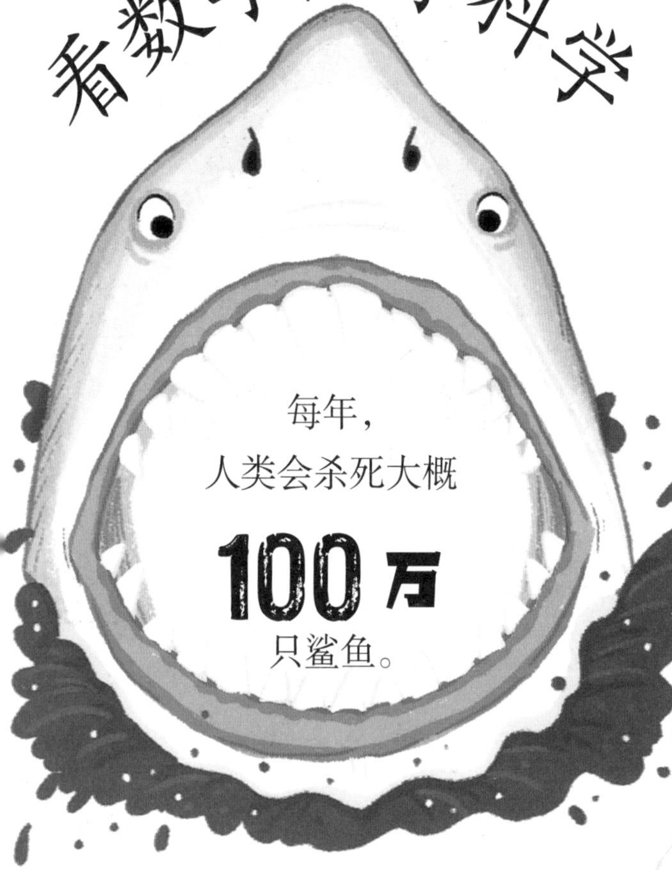

每年，
人类会杀死大概
100万
只鲨鱼。

我是地球上最长的动物之一！

南极巨虫的长度可达**10米**。

鲨鱼这个物种在地球上生活的时间约有**400万**年了。

最大的咸水鳄鱼的长度达**7**米。

河豚的肉有毒。每年有大约**30**人因食用河豚死亡。

海底的火山比陆地上还多！在太平洋的边缘有**452**座火山。

我的一颗牙齿都可以长到10厘米以上！

一只海星可以有超过 **30** 只胳膊！

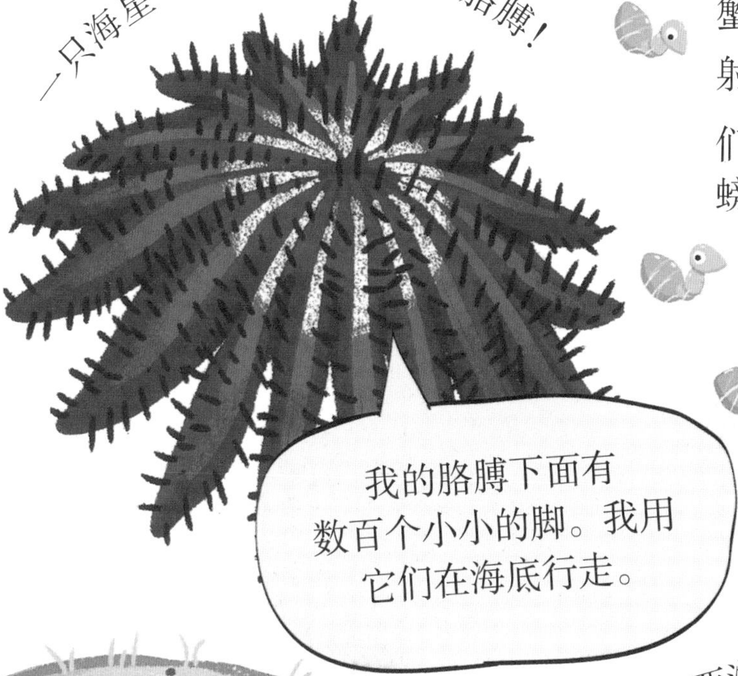

我的胳膊下面有数百个小小的脚。我用它们在海底行走。

圣诞岛上生活着 **4 000 万**只螃蟹——直到黄疯蚁到来。它们向螃蟹喷射酸液，并且以螃蟹为食，截至目前它们已经杀死了 **1 500 多万**只螃蟹。

人们在大西洋里找到了一只 **507** 岁的蛤蜊。

鲱鱼一次可以产卵的数量高达 **40 000** 粒。

一角鲸巨大的牙齿可以长到 **3 米**长。

在大堡礁生活的珊瑚的种类约有 **350** 种。

因此，减少使用塑料，或对其回收利用非常重要。

每年被海洋中的塑料垃圾杀死的海鸟大约是 **100 万**只。

谁睡在泥糊糊的地方?

海参！这种像是鼻涕虫的动物住在泥巴里，吃泥巴，拉泥巴！海参是动物，但有些人很喜欢像吃蔬菜一样吃它们。

我是一只长吻锯鲨，我捕食躲藏在泥巴里的螃蟹和鱼。我的鼻子上有一排尖锐的牙齿！

海底覆盖着泥沙，称作海床！
我叫远洋夜光水母。

人类如何探索海洋深处?

人类在水下无法自由呼吸，但是我们还是找到了几种探索深海的办法。我们可以水肺潜水（携带水下呼吸装置潜水），或使用潜艇或者利用带有照相机的机器人帮助探索深海。

遥控潜水装置
是人类在水上安全研究水下情况
的一种工具
我是毒蛇鱼，我利用自身的光亮吸引别的小动物靠近，然后吃掉它们！我的嘴巴可以张得特别大，大到可以吃掉比我还大的动物！

谁点亮了黑暗的深海？

阳光不能到达海洋深处。而有些动物点亮了自己的“灯”。

谁靠三条腿站立？

三脚架鱼是有三条长长的、像腿一样的鱼鳍的鱼，它们可以站在海底。每一个鱼鳍的长度都超过了50厘米。三脚架鱼通常张着嘴巴等食物自己游进去。

海洋为什么会有潮水进退？

在海边，你可以看到海潮一天会进退几次。这种现象称为潮汐，主要是由月亮的引力引起的。

海鹦
当海潮上涌，海岸会被潮水覆盖。当海潮退却，有一部分海水会留在潮水潭中。你能看见多少动物住在这里？
鳗鱼
蛇尾海星
虾虎鱼
寄居蟹
我不是果冻，我是等指海葵！当潮水上涌时，我的触手在水中挥舞。当潮水退去，我会把触手收回来，看起来就像是有弹性的果冻！

潮水潭里为什么会有“果冻”？

谁喜欢冲浪？

人类——但是海豚也喜欢乘风破浪！海风吹拂水面，就形成了海浪。

哪种动物需要上学？

我们！像我们这样的小虎鲸需要学习如何捕猎我们的午餐！妈妈会把我们带到水比较浅的地方，向我们展示如何捕猎鱼群、海豹和其他幼年鲸。

谁在岸边吃零食？

灰海豹会吃所有靠近岸边的动物，从螃蟹到海鸟。在捕猎的时候，它们可以下潜到70米的深度。

你更喜欢什么？

我飞行时张开的翅膀有 2 米宽，我可以把海蛇和海龟从水里抓出来。

你是喜欢和白腹海雕一起翱翔，还是和海豚一起冲浪？

我用我那像挡板一样的翅膀游泳，在波浪里穿行。

我的嘴巴里全是鱼卵！产卵后，我会把鱼卵一直保护在嘴巴里，直到它们孵化。

你更想像菠萝鱼一样身披尖刺，还是想像后颌鱼一样有一张大嘴？

你更想做一名海洋生物学家研究海洋生物，还是做一名海洋地质学家揭秘神秘的海底？

你更想和毛茸茸的海獭握手，还是和毛盲蟹握手？

你更想让星子鱼吃掉你脚上的死皮，还是被鸡毛掸子一样的海洋蠕虫挠痒痒？

你更想有海象那样的大牙齿，还是有像旗鱼那样的长鼻子？

你更想吃得像蓝鲸宝宝那么多，

还是像章鱼妈妈那么少？

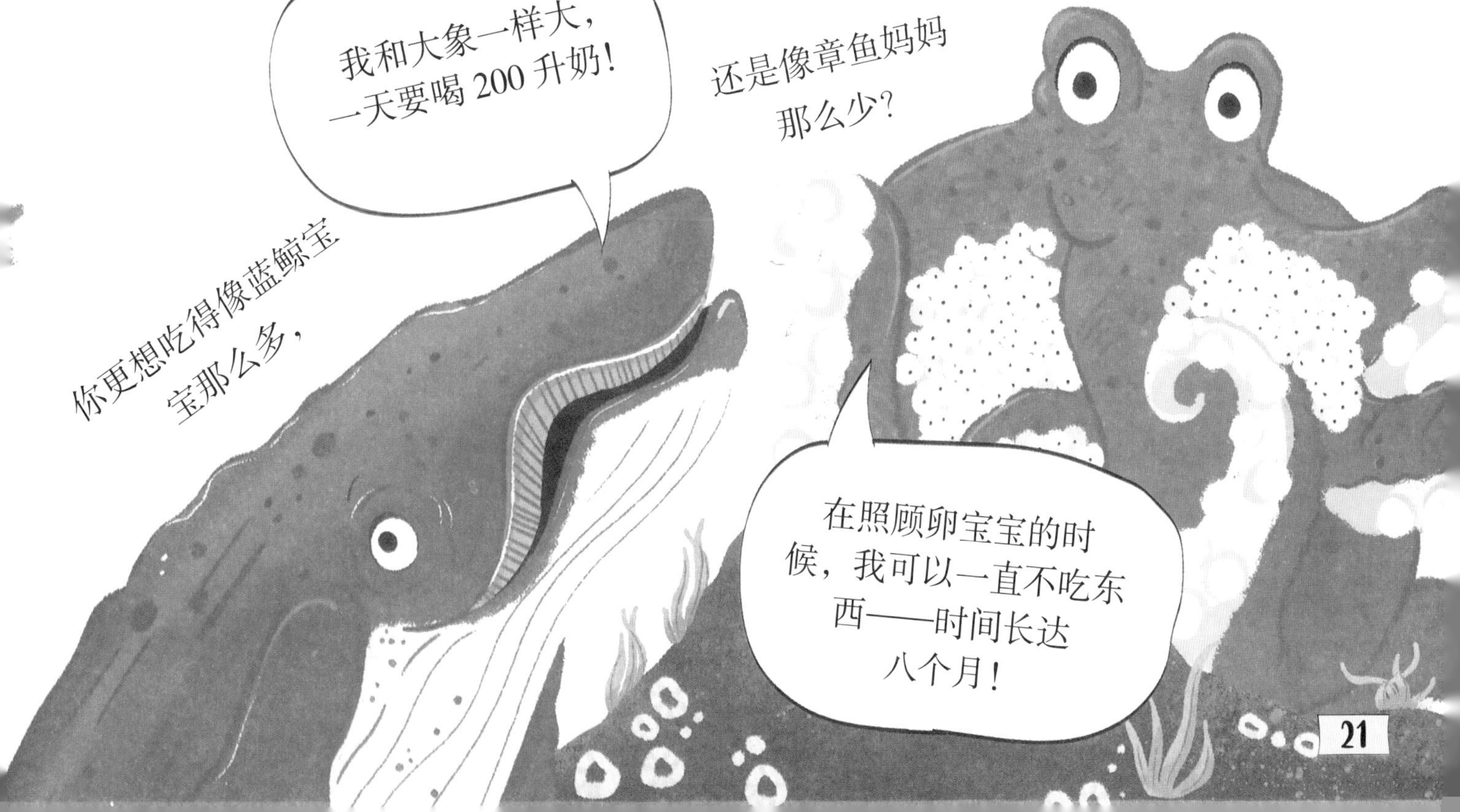

我和大象一样大，一天要喝 200 升奶！
在照顾卵宝宝的时候，我可以一直不吃东西——时间长达八个月！

是谁在水上漫步？

北极熊，它们居住在北冰洋。那里冰天雪地，海水都冻住了。

海象和海豹在下水前，会用它们的鳍脚在北冰洋的海冰上挪动。
我和我的睡鲨（格陵兰鲨）朋友们游得非常慢，这样可以在零下的温度环境里节约能量。

鱼为什么不会被冻住？

冰海中的鱼的血很特殊，会随着水温的变化而变化，因而不会被冻住。就算它们周围的水都冻住了也没有问题。

冰山为什么可以浮在海面上？

冰山是一大块冻住的水。冰比水轻，所以冰可以浮在水面上。当企鹅和海豹在游泳、冲浪或者滑冰累了的时候，浮在海面上的大冰块就是它们打盹的好地方！

那只海豹去了哪里？
在海冰之下，我可以机智地屏住呼吸！我们威德尔海豹一个小时内只需要把头从冰洞里伸出来呼吸一次。
谁在冰冷的海里唱着优美的歌？
是我！我是一只白鲸，我的声音特别响亮，连在船上的人都可以听到我悦耳的歌声。

谁能打出有力的一拳？

我只有人类的脚掌那么大，但是我可以一拳打碎一片厚玻璃。
叮！

一只雀尾螳螂虾是世界上和它大小一致的动物里最强大的！它会使用像木棍一样的腿，以闪电般的速度痛击别的动物。

哪种鱼毒性最强？

是我！我是石头鱼，我的背上有13根尖锐的刺，里面都是毒液，能将人毒死。我用这种聪明的办法保护自己免受攻击。

为什么水母会蜇人？

水母利用它长长的触手捕食，每根触手上都有细小的、带有毒液的小刺来捕捉过往的鱼。水母用触手捕捉过往的小鱼，被敌人攻击时也会用触手进行自我保护。

我是一只箱水母，也是世界上最危险的水母。我的毒液足以毒死 60 个人！
一根触手可以长到 20 米长！

谁可以闻到海水里的一滴血？

鲨鱼可以！这些不可思议的猎手拥有超级敏锐的嗅觉，可以帮助它们捕食鱼类和其他动物。

我们双髻鲨有着奇怪的头。这种奇怪的头形帮助我们看到和闻到食物，并且让我们游得更快。

海里有怪兽吗?

海里有非常大的生物——从巨大的鳐鱼和超出一般大小的螃蟹到地球上最大的动物蓝鲸。水下虽然潜伏着许多巨大的生物，但没有怪兽。

为什么鲸要喷水?

这是它们呼吸的方式!它们都有一个或两个呼吸孔，就像我们的鼻孔。鲸喷出来的水其实是一股巨大而温暖的潮湿气息!

哪种螃蟹的腿最长?

有一种日本蜘蛛蟹有 10 条腿，每条腿都有 2 米长!这种巨型螃蟹可以活到 100 岁。

海洋中最大的动物是什么?

是我!我也是如今唯一能长到 25 米长的动物，我的舌头和一头大象一样重。

你能弄沉一艘船吗?
巨大的蝠鲼
我不能!我很大,可以有7米宽。水手们以前认为像我这样的动物会把船拖下水,他们甚至给我取名"魔鬼鱼",但这其实是对我的误解。
巨大的章鱼
蓝鲸
谁能把手伸到4米外?
我可以!我的8条胳膊都有4米长,每条胳膊上都有超过200个强力吸盘。

有趣的问题

我可以喝海水吗？

不行。它会让你生病。海水太咸了，并且通常都很脏。里面的污染物对所有的生物都不好。

我可以游泳横跨大洋吗？

没有人可以不上船休息就游过整个海洋。但是鲸、鲨鱼和海龟可以！

长尾鲨长长的尾巴有什么用？

它们使用尾鳍巨大的上半叶来击打水面，把鱼集中后捕食。

哪种动物会把它们自己打结？

盲鳗！它们的身上有着滑溜溜的黏液，在海底吃动物尸体时会将自己打结。

章鱼有多聪明？

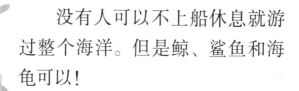

章鱼可以独自打开玻璃罐并取出其中的食物！它还能用吸盘抓住贝类并将它们打开。